V

Essai

SUR LA

RÉSOLUTION

DES

ÉQUATIONS

PAR

H. VAN BLANKEN.

ZWOLLE,
W. E. J. TJEENK WILLINK.

1839.

ZWOLLE,
CHEZ H. A. L. TIJECK, LIBRAIRE.

1800.

Méthode pour obtenir l'équation aux sommes
des racines prises deux à deux.

——◆◆——

Le théorème de M. STURM nous offre un moyen facile de déterminer le nombre des racines imaginaires d'une équation numérique, cependant l'approximation des parties réelles et imaginaires de ces racines, n'est pas sans difficulté. M. LAGRANGE se sert à cet effet de l'équation aux différences des racines, mais cette opération déja compliquée pour le quatrième degré, est par là sans application dans la pratique. (*)

Il est beaucoup plus facile et aussi sûr de se servir de l'équation aux sommes des racines, les coëfficiens de cette équation étant beaucoup plus simples. — On peut trouver l'équation aux sommes des racines d'une manière semblable à celle, dont M. LAGRANGE se sert pour trouver celle aux différences des racines dans la troisième Note de son *Traité de la résolution des équations numériques*; — on la trouve aussi facilement de la manière suivante:

(*) On peut aussi se servir des lignes goniométriques. Voyez LEGENDRE. *Essai sur la théorie des nombres.* 2e éd. pag. 148 et seq.

1*

1). Soient a et b deux racines de l'équation

$$x^n + Ax^{n-1} + Bx^{n-2} + Cx^{n-3} + \text{etc.} = 0;$$

soit $p = \frac{1}{2}(a + b)$ et $q = \frac{1}{2}(a - b)$; a est donc égal à $p + q$ et b à $p - q$.

Substituant ces valeurs de x dans l'équation proposée, on aura les équations

$$P + Qq + Rq^2 + Sq^3 + \text{etc.} = 0.$$
$$P - Qq + Rq^2 - Sq^3 + \text{etc.} = 0.$$

dans lesquelles

$$P = p^n + Ap^{n-1} + Bp^{n-2} + Cp^{n-3} + \text{etc.}$$

$$Q = np^{n-1} + (n-1) Ap^{n-2} + (n-2) Bp^{n-3} + (n-3) Cp^{n-4} + \text{etc.}$$

$$R = \frac{n(n-1)}{1.2} p^{n-2} + \frac{(n-1)(n-2)}{1.2} Ap^{n-3} + \frac{(n-2)(n-3)}{1.2} Bp^{n-4} + \text{etc.}$$

$$S = \frac{n(n-1)(n-2)}{1.2.3} p^{n-3} + \frac{(n-1)(n-2)(n-3)}{1.2.3} Ap^{n-4} + \text{etc.}$$

etc. etc.

On a donc

$$\left. \begin{aligned} P + Rq^2 + \text{etc.} = 0 \\ Q + Sq^2 + \text{etc.} = 0 \end{aligned} \right\} \cdots\cdots\cdots (1)$$

quand $a = b$, on a $q = 0$;

les fonctions P et Q ont donc un commun diviseur $p - a$.

Éliminant p des équations (1) on obtient l'équation aux moitiés des différences, et éliminant q, on trouve l'équation aux moitiés des sommes des valeurs de x prises deux à deux.

2). Soit l'équation proposée

$$x^3 + Ax^2 + Bx + C = 0,$$

les équations (1) deviennent

$$p^3 + Ap^2 + Bp + C + (3p + A) q^2 = 0.$$
$$3 p^2 + 2 Ap + B + q^2 = 0.$$

Éliminant p de ces équations, on trouve

$$64 q^6 - 32 (A^2 - 3 B) q^4 + 4 (A^2 - 3 B)^2 q^2 - (A^2B^2 + 18 ABC - 4 A^3C - 4 B^3 - 27 C^2) = 0.$$

Posons dans cette équation $2 q = v$, on trouve pour l'équation aux différences

$$v^6 - 2 (A^2 - 3 B) v^4 + (A^2 - 3 B)^2 v^2 - (A^2B^2 + 18 ABC - 4 A^3C - 4 B^3 - 27 C^2) = 0.$$

Éliminant q, on aura

$$8 p^3 + 8 Ap^2 + 2 (A^2 + B) p + AB - C = 0. \cdots\cdots\cdots (2).$$

Posant dans cette équation $2\,p = s$, on trouve l'équation aux sommes des valeurs de x deux à deux.

$$s^3 + 2\,As^2 + (A^2 + B)\,s + AB - C = 0 \ldots\ldots (3)$$

Quand $A = 0$, cette équation devient

$$s^3 + Bs - C = 0$$

qui ne diffère de l'équation donnée que dans le signe du dernier terme, les valeurs de x sont donc les sommes des valeurs de s deux à deux.

3). Soit l'équation proposée

$$x^4 + Ax^3 + Bx^2 + Cx + D = 0.$$

les équations (1) deviennent

$$p^4 + Ap^3 + Bp^2 + Cp + D + (6\,p^2 + 3\,Ap + B)\,q^2 + q^4 = 0.$$

$$4\,p^3 + 3\,Ap^2 + 2\,Bp + C + (4\,p + A)\,q^2 = 0.$$

Éliminant q de ces équations, on trouve

$$64\,p^6 + 96\,Ap^5 + 16\,(3\,A^2 + 2\,B)\,p^4 + 8\,A\,(A^2 + 4\,B)\,p^3 + 4\,(2\,A^2B +$$
$$AC + B^2 - 4\,D)\,p^2 + 2\,A\,(B^2 + AC - 4\,D)\,p + ABC - A^2D - C^2 = 0 \ldots (4)$$

Substituant dans cette équation $2\,p = s$, on trouve l'équation aux sommes des valeurs combinées de x.

$$s^6 + 3\,As^5 + (3\,A^2 + 2\,B)\,s^4 + A\,(A^2 + 4\,B)\,s^3 + (2\,A^2B + AC + B^2 -$$
$$4\,D)\,s^2 + A\,(AC + B^2 - 4\,D)\,s + ABC - A^2D - C^2 = 0 \ldots\ldots (5)$$

Quand $A = 0$, cette équation devient

$$s^6 + 2\,Bs^4 + (B^2 - 4\,D)\,s^2 - C^2 = 0 \ldots\ldots (6)$$

et substituant $s^2 = u$

$$u^3 + 2\,Bu^2 + (B^2 - 4\,D)\,u - C^2 = 0 \ldots\ldots (7)$$

Les racines de cette équation sont $u = (a + b)^2 = (c + d)^2$, $u = (a + c)^2 = (b + d)^2$, $u = (a + d)^2 = (b + c)^2$, a, b, c, et d étant les racines de l'équation

$$x^4 + Bx^2 + Cx + D = 0 \ldots\ldots (8).$$

REMARQUE.

4). Si l'équation (8) a quatre racines réelles il faudra nécessairement, que toutes les racines de l'équation (7) soient positives.

Si l'équation (8) a deux racines réelles inégales $x = a$ et $x = b$ et un couple de racines imaginaires $x = \alpha \pm \beta \sqrt{-1}$, l'équation (7) a une racine réelle positive $u = 4\,\alpha^2$; tandis qu'on trouve β par l'équation $\beta = \sqrt{(\alpha^2 + \tfrac{1}{2}\,B + \dfrac{C}{4\,\alpha})}$.

La valeur trouvée de $4\,\alpha^2$ donne deux valeurs pour α, dont l'une est positive et l'autre négative; mais il n'y a que la valeur de α, qui rend $\alpha^2 + \frac{1}{2}\,B + \dfrac{C}{4\,\alpha} > 0$, qui appartient aux racines imaginaires; l'autre valeur α' est égale à $\frac{1}{2}\,(a + b)$ tandis qu'on trouve $\frac{1}{2}\,(a - b)$ en substituant α' dans l'équation $\frac{1}{2}\,(a - b) = q = \mathcal{V} - (\alpha'^2 + \frac{1}{2}\,B + \dfrac{C}{4\,\alpha'})$.

EXEMPLE.

Soit l'équation donnée

$$x^4 - 4\,x^2 + 5\,x - 3 = 0.$$

L'équation (7) devient

$$u^3 - 8\,u^2 + 28\,u - 25 = 0.$$

La racine réelle de cette équation est $u = 4\,\alpha^2 = 1{,}293736$.

Ainsi

$$\alpha = +\ 0{,}56871$$
$$\alpha' = -\ 0{,}56871 = \tfrac{1}{2}\,(a + b).$$

donc

$$\beta = \mathcal{V}\,(\alpha^2 + \tfrac{1}{2}\,B + \dfrac{C}{4\,\alpha}) = 0{,}72206.$$

$$q = \mathcal{V} - (\alpha'^2 + \tfrac{1}{2}\,B + \dfrac{C}{4\,\alpha'}) = 1{,}96838 = \tfrac{1}{2}\,(a - b).$$

Les racines réelles sont donc

$$x = a = 1{,}39967$$
$$x = b = -\ 2{,}53709$$

et les racines imaginaires

$$x = 0{,}56871 \pm 0{,}72206\ \mathcal{V} - 1.$$

Si l'équation (8) a deux racines réelles qui sont égales et un couple de racines imaginaires $x = \alpha \pm \beta\,\mathcal{V} - 1$, l'équation (7) a une racine positive $u = 4\,\alpha^2$ et deux racines égales négatives $u = -\,\beta^2$.

Si l'équation (8) a deux couples de racines imaginaires $x = \alpha \pm \beta\,\mathcal{V} - 1$ et $x = \alpha' \pm \beta'\,\mathcal{V} - 1$, on a $\alpha = -\,\alpha'$ et l'équation (8) a une racine positive $u = 4\alpha^2$ et deux racines négatives $u = -\,(\beta + \beta')^2$ et $u = -\,(\beta - \beta')^2$.

EXEMPLE.

Soit l'équation donnée

$$x^4 + 4 x^2 - 2 x + 16 = 0$$

L'équation (7) devient

$$u^3 + 8 u^2 - 48 u - 4 = 0$$

Les racines de cette équation sont

$$u = \quad 4,061321$$
$$u = - 11,979102$$
$$u = - 0,082218$$

Ainsi on a

$$4 \; a^2 = 4,061321$$

donc

$$a = 1,00763$$
$$a' = - 1,00763$$
$$\beta = 1,58718 = \sqrt{\left(a^2 + \tfrac{1}{2} B + \frac{C}{4\,a}\right)}$$
$$\beta' = 1,87391 = \sqrt{\left(a'^2 + \tfrac{1}{2} B + \frac{C}{4\,a'}\right)}$$

et les racines de l'équation proposée sont

$$x = \quad 1,00763 \pm 1,58718 \sqrt{-1}$$
$$x = - 1,00763 \pm 1,87391 \sqrt{-1}$$

Détermination des limites de la partie réelle d'une racine imaginaire.

5). Si l'équation du troisième degré a une racine réelle $x = a$, et un couple de racines imaginaires $x = a \pm \beta \sqrt{-1}$, l'équation (3) a une racine réelle $x = 2\,a$ et un couple de racines imaginaires $x = a + a \pm \beta \sqrt{-1}$;

donc on aura

$$a > 0, \; \text{si} \; AB - C < 0$$
$$a = 0, \; \text{si} \; AB - C = 0$$
$$a < 0, \; \text{si} \; AB - C > 0$$

On pourra ainsi facilement déterminer les nombres entiers entre lesquels se trouve la partie réelle de la racine imaginaire.

EXEMPLE.

Soit l'équation donnée

$$x^3 - 10\ x^2 + 50\ x - 60 = 0$$

Ici on a $AB - C < 0$, ainsi $\alpha > 0$; on pourra donc trouver les coëfficients des équations en $(x-1)$, $(x-2)$ etc. suivant la méthode de M. BUDAN, ou de quelque autre manière semblable, et on trouvera

	A	B	C	AB — C (*)
x	— 10	+ 50	— 60	— 440
$x - 1$	— 7	+ 33	— 19	— 212
$x - 2$	— 4	+ 22	+ 8	— 96
$x - 3$	— 1	+ 17	+ 27	— 44
$x - 4$	+ 2	+ 18	+ 44	— 8
$x - 5$	+ 5	+ 25	+ 65	+ 60

Pour $x - 4$ on a $AB - C = - 8$, et pour $x - 5$, $AB - C = + 60$; ainsi α est compris entre 4 et 5.

Posant donc $\alpha = 4 + p$; on a $p < 1$. Pour exprimer cette valeur de p dans une fraction continue; on doit substituer pour A, B et C dans l'équation (2) les coëfficients de l'équation en $(x - 4)$ et on aura

$$8\ p^3 + 16\ p^2 + 44\ p - 8 = 0$$

de laquelle on trouve par la méthode de Mr. LAGRANGE,

$$p = \cfrac{1}{5 + \cfrac{1}{1 + \cfrac{1}{6 + \text{etc.}}}}$$

ainsi $p = 0{,}170365$

$\alpha = 4{,}170365 = 4 + p$

et $\beta = 4{,}332266 = \sqrt{(3\ p^2 + 4\ p + 18)}$.

(*) En diminuant α de l'unité, les valeurs de $AB - C$ forment toujours une progression arithmétique, dont les troisièmes différences sont égales a $2^3 \times 1 \times 2 \times 3 = 48$; ayant ainsi trouvé trois valeurs consécutives de $AB - C$, celles qui restent peuvent facilement se trouver par addition.

REMARQUE.

On aurait aussi pu substituer dans l'équation (2) pour A, B et C les coëfficients de l'équation proposée et on aurait trouvé

$$8\,p^3 - 80\,p^2 + 800\,p - 440 = 0.$$

dont la racine réelle est

$$p = \alpha = 4{,}170365$$

ainsi $\quad \beta = 4{,}332266 = \sqrt{(3\,\alpha^2 - 20\,\alpha + 50)}.$

On peut encore observer, que si l'équation au troisième degré a un facteur binome du second degré de la forme $x^2 \pm k$, $AB - C$ doit être égal à zéro; ayant donc $A = 0$ ou $B = 0$, l'équation du troisième degré ne peut avoir aucun facteur binome du second degré.

6). Quand une équation du quatrième degré a deux couples de racines imaginaires.

$$x = \alpha \pm \beta\sqrt{-1}.$$

et

$$x = \alpha' \pm \beta'\sqrt{-1}.$$

les racines de l'équation (5) sont $s = 2\,\alpha$, $s = 2\,\alpha'$, $s = (\alpha + \alpha') \pm (\beta + \beta')\sqrt{-1}$ et $s = (\alpha + \alpha') \pm (\beta - \beta')\sqrt{-1}.$

Il s'en suit, qu'on aura :

1°. Si $ABC - A^2D - C^2 > 0$,

$$\alpha > 0 \text{ et } \alpha' > 0 \text{ ou } \alpha < 0 \text{ et } \alpha' < 0.$$

2°. Si $ABC - A^2D - C^2 = 0$,

$$\alpha = 0 \text{ ou } \alpha' = 0.$$

3°. Si $ABC - A^2D - C^2 < 0$,

$$\alpha > 0 \text{ et } \alpha' < 0 \text{ ou } \alpha < 0 \text{ et } \alpha' > 0.$$

Il est par conséquent facile de déterminer les nombres entiers entre lesquels se trouvent α et α'.

EXEMPLE.

Soit l'équation donnée

$$x^4 - 20\,x^3 + 154\,x^2 - 542\,x + 751 = 0.$$

Ici on a $(ABC - A^2D - C^2) > 0$, ainsi $\alpha > 0$ et $\alpha' > 0$ ou $\alpha < 0$ et $\alpha' < 0$, mais $2\,\alpha + 2\,\alpha' = 20$; on a donc $\alpha > 0$ et $\alpha' > 0$.

1

Composant ensuite, suivant la méthode de M. BUDAN, la table suivante:

	A	B	C	D	$ABC - A^2D - C^2$ (*)
x	$+ 20$	$+ 154$	$- 542$	$+ 751$	$+ 1075196$
$x - 1$	$- 16$	$+ 100$	$- 290$	$+ 344$	$+ 291836$
$x - 2$	$- 12$	$+ 58$	$- 134$	$+ 139$	$+ 55292$
$x - 3$	$- 8$	$+ 28$	$- 50$	$+ 52$	$+ 5372$
$x - 4$	$- 4$	$+ 10$	$- 14$	$+ 23$	$- 4$
$x - 5$	0	$+ 4$	$- 2$	$+ 16$	$- 4$
$x - 6$	$+ 4$	$+ 10$	$+ 10$	$+ 19$	$- 4$
$x - 7$	$+ 8$	$+ 28$	$+ 46$	$+ 44$	$+ 5372$
$x - 8$	$+ 12$	$+ 58$	$+ 130$	$+ 127$	$+ 55292$

On voit de la table précedente, que la valeur de a se trouve entre 6 et 7, et celle de a' entre 3 et 4.

Posant donc $a = 6 + p$, on aura $p < 1$. Pour trouver cette valeur de p en fractions continues, on prend dans l'équation (4) pour A, B, C et D les coëfficients de l'équation en $(x - 6)$, et on trouvera, après avoir divisé par 4,

$$16 \, p^6 + 96 \, p^5 + 272 \, p^4 + 448 \, p^3 + 384 \, p^2 + 128 \, p - 1 = 0$$

dont on trouve ensuite

$$p = \cfrac{1}{130 + \cfrac{1}{1 + \cfrac{1}{18 + \text{etc.}}}}$$

ainsi $p = 0{,}007636$

et $a = 6{,}007636 = 6 + p$

Posons $a' = 4 - r$; on aura $r < 1$. Pour trouver cette valeur de r en fractions continues, on doit prendre dans l'équation (4) pour A, B, C et D les coëfficients de l'équation en $(x - 4)$ et substituer $p = - r$, et on trouvera, après avoir divisé par 4,

$$16 \, r^6 + 96 \, r^5 + 272 \, r^4 + 448 \, r^3 + 384 \, r^2 + 128 \, r - 1 = 0.$$

(*) Les valeurs de $ABC - A^2D - C^2$ forment toujours, diminuant x de l'unité, une progression arithmé-tique, dont les sixièmes différences sont égales à $2^6 \times 1 \times 2 \times 3 \times 4 \times 5 \times 6 = 46080$; ayant donc calculé six valeurs consécutives, on trouvera les autres par addition.

Et on aura

$$r = 0{,}007636$$

donc $\quad a' = 3{,}992364 = 4 - r.$

et par conséquent

$$\beta = 1{,}58718 = \sqrt{\frac{4\,b^3 - 60\,a^2 + 308\,a - 542}{4\,a - 20}}$$

$$\beta' = 1{,}87391 = \sqrt{\frac{4\,a'^3 - 60\,a'^2 + 308\,a' - 542}{4\,a' - 20}}$$

Si l'équation du quatrième degré a deux racines réelles a et b et un couple de racines imaginaires $\alpha \pm \beta \sqrt{-1}$, on peut encore déterminer par les valeurs de $ABC - A^2D - C^2$ les nombres entiers entre lesquels se trouve α; dans ce cas cependant il est essentiel de connaître les nombres entiers entre lesquels se trouve $\frac{1}{2}(a + b)$.

On peut encore observer, que, si l'équation du quatrième degré a un facteur binome du second degré de la forme $x^2 \pm k$, $ABC - A^2D - C^2$ doit être égal à zéro.

Donc si $A = 0$, l'équation du quatrième degré ne peut avoir un facteur binome du second degré, à moins qu'on n'ait $C = 0$.

7). Si l'équation du cinquième degré

$$x^5 + Ax^4 + Bx^3 + Cx^2 + Dx + E = 0.$$

a deux couples de racines imaginaires $x = \alpha \pm \beta \sqrt{-1}$ et $x = \alpha' \pm \beta' \sqrt{-1}$, et posant en général

$$(ABC - A^2D - C^2) \times D + (2\,AD + BC - AB^2 - E) \times E = X,$$

X est le dernier terme de l'équation aux demi sommes des racines. On aura donc

1o. $X > 0$, si $\alpha > 0$ et $\alpha' > 0$ ou $\alpha < 0$ et $\alpha' < 0$.

2o. $X = 0$, si $\alpha = 0$ ou $\alpha' = 0$.

3o. $X < 0$, si $\alpha > 0$ et $\alpha' < 0$ ou $\alpha < 0$ et $\alpha' > 0$.

En général on peut encore observer ici, que, si l'équation du cinquième degré a un facteur binome du second degré de la forme $x^2 \pm k$, X doit être $= 0$. Si donc $A = 0$ et $C = 0$ l'équation ne peut avoir un facteur binome du second degré.

REMARQUE.

8). L'équation (6) est l'équation reduite dans la méthode de résoudre les équations de M. DESCARTES, ayant donc trouvé s, on trouvera, que les facteurs du second degré dans le premier membre de l'équation (8) sont

2*

$$x^2 + sx + \tfrac{1}{2} \left(s^2 + B - \frac{C}{s} \right)$$

et $\quad x^2 - sx + \tfrac{1}{2} \left(s^2 + B + \frac{C}{s} \right).$

En général on peut trouver les facteurs du second degré par la méthode suivante:

Manière de trouver tous les facteurs réels du second degré du premier membre d'une équation.

9). Soit z le produit de deux racines a et b de l'équation générale

$$x^n + Ax^{n-1} + Bx^{n-2} + Cx^{n-3} + \text{etc.} \ldots + Kx^2 + Lx + M = 0.$$

Posons $\dfrac{z}{x} = x'$, on aura pour $x = a$ $x' = b$, et pour $x = b$ $x' = a$; il s'en suit, que le premier membre de l'équation proposée aura un facteur du second degré commun avec l'équation

$$Mx^n + Lzx^{n-1} + Kz^2x^{n-2} + \text{etc.} \ldots + Bz^{n-2}x^2 + Az^{n-1}x + z^n = 0 \ldots (9).$$

Opérant donc sur ces deux équations comme si on se proposait de chercher un commun diviseur, jusqu'à ce qu'on obtienne un reste de la forme $Px^2 + Qx + R$ (P, Q et R étant des fonctions de z) toutes les valeurs qui satisfont à l'équation $\dfrac{R}{P} = z$ rendront

$$x^2 + \frac{Q}{P}\, x + z$$

un facteur du second degré.

10). Soit l'équation proposée

$$x^3 + Ax^2 + Bx + C = 0.$$

l'équation (9) deviendrait

$$Cx^3 + Bzx^2 + Az^2x + z^3 = 0$$

et le facteur commun du second degré

$$x^2 + \frac{Az^2 - BC}{Bz - AC}\, x + z$$

on trouvera z par l'équation

$$z^3 - Bz^2 + ACz - C^2 = 0 \ldots \ldots (10).$$

REMARQUE.

Puisqu'on ne peut prendre pour z d'autres valeurs, que celles qui satisfont à l'équation (10), on peut aussi encore exprimer le facteur commun du second degré de la manière suivante

$$x^2 + \frac{(B - z)\, z}{C}\, x + z$$

$$x^2 + \frac{Az - C}{z}\, x + z$$

et, si $A = 0$,

$$x^2 - \frac{C}{z}\, x + z$$

$$x^2 \pm \sqrt{(z - B)} \times x + z.$$

On doit employer le signe négatif, dans ce dernier facteur, quand C et z ont des signes égaux, et le signe positif, quand C et z ont des signes inégaux.

EXEMPLE.

Soit l'équation donnée

$$x^3 - 2\,x - 5 = 0$$

l'équation (10) devient

$$z^3 + 2\,z^2 - 25 = 0.$$

dont la racine réelle est $z = 2,3871459$.

Ainsi le facteur du second degré devient

$$x^2 + 2,09455148\,x + 2,387149$$

et par conséquent les racines imaginaires de l'équation proposée

$$x = -1,04727574 \pm 1,13593989\,\sqrt{-1}.$$

11). Soit l'équation proposée

$$x^4 + Ax^3 + Bx^2 + Cx + D = 0$$

l'équation (9) devient

$$Dx^4 + Czx^3 + Bz^2x^2 + Az^3x + z^4 = 0.$$

Et l'équation en z devient

$$z^6 - Bz^5 + (AC - D)\,z^4 - (A^2D + C^2 - 2\,BD)\,z^3 + D\,(AC - D)\,z^2 - BD^2z + D^3 = 0.\ \ .\ (11).$$

tandis que le facteur du second degré sera

$$x^2 + \frac{(AB - C)\,z^5 - A\,(AC - D)\,z^4 + AD\,(A^2 - B)\,z^3 - C\,(BD - C^2)\,z^2 - CD\,(AC - D)\,z - D^2\,(AD - BC)}{(B^2 - AC)\,z^4 + A\,(AD - BC)\,z^3 + B\,(A^2D - 2\,BD + C^2)\,z^2 - CD\,(AB - C)\,z + D^2\,(B^2 - AC)}\, x + z.$$

Auquel on peut donner la forme suivante, parce qu'on ne peut prendre pour z d'autres valeurs que celles, qui satisfont à l'équation (11),

$$x^2 + \frac{(A_2 - C) z}{z^2 - D} x + z.$$

EXEMPLE

Soit l'équation donnée

$$x^4 - 2 x^3 - 20 x^2 + x + 6 = 0.$$

l'équation (11) devient

$$z^6 + 20 z^5 - 8 z^4 - 265 z^3 - 48 z^2 + 720 z + 216 = 0.$$

Les racines de cette équation sont:

$$z = - \ 2$$
$$z = - \ 3$$
$$z = - \ 19{,}735916$$
$$z = + \ 0{,}304014$$
$$z = + \ 3{,}111773$$
$$z = + \ 1{,}928157$$

les facteurs commensurables du second degré sont donc

$$\begin{cases} x^2 + 3 x - 2 \\ x^2 - 5 x - 3 \end{cases}$$

et les facteurs incommensurables

$$\begin{cases} x^2 - 1{,}979828 \ x - 19{,}735916 \\ x^2 - 0{,}020172 \ x - 0{,}304014 \end{cases}$$
$$\begin{cases} x^2 - 6{,}102934 \ x + 3{,}111773 \\ x^2 + 4{,}102934 \ x + 1{,}928157. \end{cases}$$

REMARQUE.

Puisque z represente le produit de deux racines, l'équation en z sera en général du degré $\frac{n (n - 1)}{2}$; ainsi pour l'équation du cinquième degré, l'équation en z sera déjà du dixième degré et par conséquent de peu d'application dans la patique.

NOTE.

Manière de se servir du théorème de STURM *pour déterminer le nombre de racines réelles et imaginaires d'une équation.*

Soit l'équation proposée

$$X = x^n + Ax^{n-1} + Bx^{n-2} + \text{etc.} + Kx^2 + Lx + M = 0$$

déduisant de cette équation, par l'algorithme connu du calcul différentiel, l'équation

$$X_1 = nx^{n-1} + (n-1) Ax^{n-2} + (n-2) Bx^{n-3} + \text{etc.} + 2 Kx + L$$

divisant X par X_1, en introduisant et en supprimant les facteurs numériques, pourvu qu'ils soient positifs, comme il est d'usage dans l'opération pour déterminer le plus grand commun diviseur, jusqu'à ce qu'on trouve un reste d'un degré plus bas que X_1; nommant ce reste X_2, après en avoir changé le signe; continuant la même opération entre X_1 et X_2 jusqu'à ce qu'on parvienne à un reste d'un degré plus bas que X_2; changeant de nouveau le signe de ce reste et le représentant après ce changement par X_3; divisant X_2 par X_3 jusqu'à ce qu'on parvienne de nouveau à un reste X_4 et continuant de la même manière, on aura une suite d'expressions

$$X, \; X_1, \; X_2, \; X_3 \ldots \ldots \ldots X_{m-1}, \; X_m.$$

Substituant dans cette suite d'expressions pour x un nombre a, tenant compte de l'ordre des signes et trouvant que cette suite de signes donne p variations; substituant ensuite dans ces mêmes expressions pour x un nombre b plus grand que a, si cette substitution donne q variations dans la suite des signes; on pourra conclure que l'équation $X = o$ a $p - q$ racines réelles entre les limites a et b.

EXEMPLE.

Soit l'équation

$$x^4 - 4 x^2 + 5 x - 3 = 0$$

on aura d'après la regle

$$X = x^4 - 4 x^2 + 5 x - 3$$
$$X_1 = 4 x^3 - 8 x + 5$$
$$X_2 = 8 x^2 - 15 x + 12$$
$$X_3 = - x + 100$$
$$X_4 = - 78512$$

La substitution de $x = -3$, $x = 0$, $x = +3$ donne

	X	X_1	X_2	X_3	X_4	
$x = -3$	$+$	$-$	$+$	$+$	$-$	3 variations
$x = 0$	$-$	$+$	$+$	$+$	$-$	2 variations
$x = +3$	$+$	$+$	$+$	$+$	$-$	1 variation.

L'équation proposée a par conséquent une racine réelle entre -3 et 0 et une autre entre 0 et $+3$.

Quand on se propose de déterminer par le théorème de STURM le nombre de racines réelles d'une équation, on substitue dans les expressions X, X_1, X_2, pour x d'abord le plus grand possible nombre négatif et ensuite le plus grand possible nombre positif; puisque les racines réelles se trouvent entre ces limites.

EXEMPLE.

Soit l'équation

$$x^4 - 2 x^3 + 3 x^2 + 2 x - 4 = 0.$$

On aura d'après la regle

$$X = x^4 - 2 x^3 + 3 x^2 + 2 x - 4$$
$$X_1 = 4 x^3 - 6 x^2 + 6 x + 2$$
$$X_2 = - x^2 - 3 x + 5$$
$$X_3 = - 10 x + 11$$
$$X_4 = - 49.$$

Substituant $x = -\infty$ et $x = +\infty$, on a pour

	X	X_1	X_2	X_3	X_4	
$x = -\infty$	$+$	$-$	$-$	$+$	$-$	3 variations
et pour $x = +\infty$	$+$	$+$	$-$	$-$	$-$	1 variation.

L'équation $X = 0$ a donc deux racines réelles et par conséquent un couple de racines imaginaires.

Si les expressions X, X_1, X_2, etc., sont chacune d'un seul degré plus bas que la précédente, comme il arrivera ordinairement, on en peut conclure en général que l'équation $X = 0$ a autant de couples de racines imaginaires qu'il y a de variations dans la suite des signes pour $x = +\infty$.